9,80

Band 5058 **Falken**

Fernseh-Begleitbuch

Fahrtechnik und Fahrverhalten

von der »Arbeitsgruppe Auto-Report«
der BEROLINA-FILM-TV

FALKEN-VERLAG · NIEDERNHAUSEN/TAUNUS

Grundlage zu diesem Buch ist die 10teilige Filmfolge »Physik und Auto« aus der Verkehrsaufklärungsserie »Auto-Report« der BEROLINA-FILM-TV, die vielfach ausgezeichnet wurde, so mit dem AVD-Sicherheitsschild 1973, vom Touring Club der Schweiz 1976, mit der Goldenen Statue des 5. Internationalen Filmfestivals für Verkehrssicherheit in Zagreb 1975 und der Silbernen Ampel des 5. Internationalen Fernsehwettbewerbs 1976.

Produktion:
BEROLINA FILM FERNSEH FUNK PRODUKTION OHG
Regie: Andreas Schultze-Kraft
Produktionsleitung: Frank Nüssel
Kamera: Ernst Deeg
Schnitt: Günter Herbertz
Sprecher: Arnold Marquis
Gesamtleitung: Klaus Schramböhmer

ISBN 3 8068 5058 5

Gesamtherstellung: H. G. Gachet & Co., 6070 Langen b. Ffm.

8 7 6 5 4 3 2 1

Inhalt

Einleitung

Der Mensch hat sich durch Jahrtausende nie schneller vorwärts bewegt als ihn seine Füße trugen. Unsere Sinnesorgane sind für relativ niedrige Geschwindigkeiten ausgelegt.
Die Technik hat es uns leicht gemacht, ein Fahrzeug zu beherrschen. Ein Minimum an Muskelkraft – eine kleine Fuß- oder Handbewegung und tausendmal so starke Kräfte treten in Aktion. Mit ihnen kann jeder Fahrer umgehen wie er will – bis zu einer Grenze. Dann gehen sie mit ihm um, wie sie es nach unumstößlichen physikalischen Gesetzen müssen.

– Arbeitsgruppe Autoreport –

Beschleunigung

Das Beschleunigungsvermögen eines Autos hängt im wesentlichen von der Motorleistung und vom Fahrzeuggewicht ab.
Das heißt: Je stärker der Motor und je leichter das Fahrzeug ist, um so bessere Beschleunigungszeiten werden erreicht.
Beschleunigung kann man objektiv »sehen« und auch subjektiv »spüren«.
Beispiel: Ein Mensch sitzt und ruht im Auto (Abb. 1) so könnte man meinen. Irrtum: Er sitzt zwar, aber von Ruhen kann keine Rede sein, denn er wird mit 130 km/h über eine Autobahn gefahren. Wenn man aber die Fähigkeit zu hören und zu sehen einmal ausklammert, kann der Mensch bei absolut gleichmäßiger Fahrt auf völlig ebener Fahrbahn (Abb. 2) nicht mehr zwischen dem Ruhe- und dem Bewegungszustand unterscheiden. Er empfindet also keinen subjektiven Unterschied mehr, gleichgültig, ob er sich in einem stehenden oder in einem mit 50, 100 oder 130 km/h fahrenden Fahrzeug befindet.
Objektiv gesehen gibt es jedoch einen beträchtlichen Unterschied: Prallt er beispielsweise mit 5 km/h als Fußgänger gegen ein starres, unverrückbares Hindernis (Abb. 3), genügt in der Regel ein Heftpflaster. Trifft er jedoch mit 50 km/h

Abb. 1

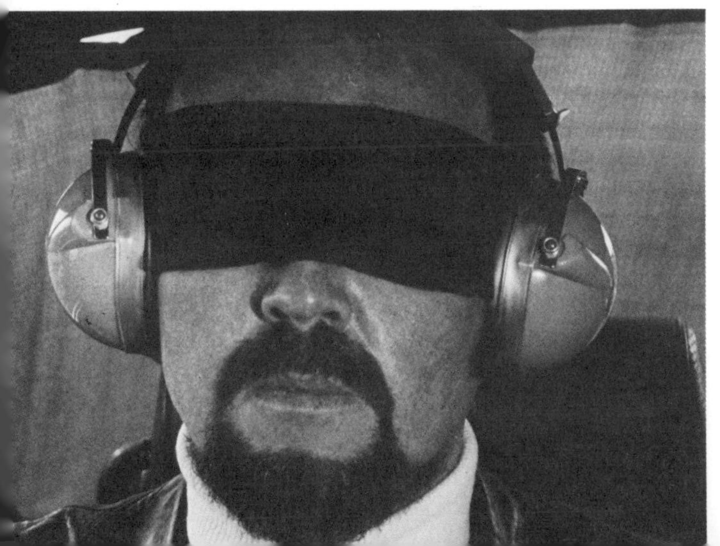

Abb. 2

Abb. 3

in einem Auto auf einen festen Widerstand, gleichgültig, ob Baum, Laterne oder Mauer, so hilft auch der Notarztwagen meist nichts mehr (Abb. 4).

In diesem Fall kann ihn nur noch ein richtig angelegter, einwandfrei funktionierender Sicherheitsgurt vor dem Schlimmsten bewahren. Daraus ergibt sich die Folgerung, daß der Mensch als träge Masse nicht die Geschwindigkeit selbst spürt, sondern erst die Veränderung der Bewegung, also: entweder die Verzögerung, z. B. beim Bremsen (Abb. 5), oder die Beschleunigung, z. B. beim »Gas-geben« (Abb. 6).

Abb. 4

Abb. 5

Abb. 6

Abb. 7

Diese Bewegungsveränderungen bekommt der Mensch um so mehr zu spüren, je größer die beschleunigende oder verzögernde Kraft ist. Die logische Folgerung: Eine träge Masse wehrt sich gegen jeden Bewegungsimpuls.
Die für den Autofahrer subjektiv empfundene angenehmste Beschleunigung findet dann statt, wenn sie gleichmäßig vor sich geht, wenn sich also die Geschwindigkeit in gleichen Zeitspannen um den gleichen Wert erhöht. Ein physiologisch richtig konstruierter Autositz genügt im Normalfall, um die Folgen der Beschleunigung nicht unangenehm werden zu lassen. Es gibt jedoch auch Extremfälle an Beschleunigung, die nicht mehr als angenehm empfunden werden und nicht der Sicherheit dienen: die unfreiwilligen Kavalierstarts bei Auffahrunfällen (Abb. 7).

Physikalisch gesehen werden hier zwei Bewegungsimpulse gegeben: Aus der Sicht des stehenden Wagens gibt der auffahrende den Anstoß zur Vorwärtsbewegung. Aus der Sicht des Auffahrenden gibt der stehende Wagen den Anstoß zur Rückwärtsbewegung. Erst wenn wir beide Fahrzeuge gemeinsam und gleichzeitig »im Auge« haben, wird ersichtlich, welches Fahrzeug steht und welches fährt.

Hierbei ist es gleichgültig, welches Auto wir nun bei diesem Unfall betrachten, fest steht, daß beide durch den Aufprall beschleunigt werden, nur in entgegengesetzter Richtung. Die häufigste Möglichkeit, ein Fahrzeug zu beschleunigen oder zu verzögern, besteht im Gebrauch von Gaspedal und Bremspedal (Abb. 8).

Drei Faktoren sind für diese Vorgänge maßgeblich bestimmend:

- die Motorleistung,
- die Bremsleistung,
- das Gewicht.

Abb. 8

Abb. 9

Abb. 10

Je höher das Gewicht einer Masse ist (Abb. 9), um so schwerer ist es, sie auf ein bestimmtes gewünschtes Tempo zu beschleunigen. Hat diese Masse, in unserem Falle das Auto, erst einmal die gewünschte Geschwindigkeit erreicht, ist sie dann aber auch wieder um so schwerer zum Stillstand zu bringen (Abb. 10).
Will man sich selbst nicht zumuten, ein vollbeladenes Auto anzuschieben (Abb. 11), so darf man auch vom Motor nicht erwarten, daß er genauso leicht und flott beschleunigt, als sei das Auto unbeladen. Beschleunigungs- und Verzögerungszeiten liegen also bei beladenen Fahrzeugen teilweise beträchtlich höher als bei leeren.
Gerade bei Urlaubsfahrten sollte man diese außergewöhnlichen Veränderungen besonders bedenken.
Nahezu die gleichen Probleme kommen auf Fahrer und Fahrzeug bei Fahrten in den Bergen zu (Abb. 12). Bereits eine Steigung von 5%, das heißt auf 100 Meter Weglänge eine Höhendifferenz von 5 Metern, wirkt sich auf die Leistungswerte des Fahrzeugs so aus, als sei es mit 3 Personen zusätzlich beladen.

Abb. 11

Es wird, da es gegen die Steigung »ankämpft«, verzögert. Der umgekehrte Fall tritt bei der Bergabfahrt ein: Hier sorgt das Gefälle für eine zusätzliche, spürbare Beschleunigung. Wer hier abbremsen muß, sollte sich darüber im klaren sein, daß die Erdanziehungskraft weiter »Gas« gibt. Bedenkt man diese zusätzlichen Kräfte nicht, oder läßt man sie außer acht, so gerät man meistens in Schwierigkeiten.

Motoren und Bremsen sind mechanische Elemente, sie können nur gehorchen. Es liegt am Fahrer, welche Entscheidung er trifft: Darf er bei Gegenverkehr noch beschleunigen, um andere zu überholen, oder muß er bereits bremsen ...

Abb. 12

Verzögerung

Verzögerung, auch »negative Beschleunigung« genannt, bedeutet: Geschwindigkeitsabnahme in der Zeiteinheit.
Beim Auto dient die Bremsanlage zum »Verzögern« der Fahrtgeschwindigkeit.
Um jemanden von einem Ort zum anderen zu befördern, muß man ihn zunächst bis zur gewünschten Geschwindigkeit beschleunigen (Abb. 13). Am Ziel spätestens muß man dann das Fahrzeug wieder abbremsen. Diese Bewegungsvorgänge verlaufen beispielsweise bei der Achterbahn auf dem Jahrmarkt (Abb. 14) nach dem Prinzip der schiefen Ebene.

Abb. 13

Abb. 14

Die Erdanziehungskraft sorgt in der Abwärtsphase (Abb. 15) für die Beschleunigung, sobald es wieder bergauf geht (Abb. 16) für entsprechende Verzögerung. Will man nun im Tal eine bestimmte Geschwindigkeit erzielen, kann man entweder eine kurze Anlaufstrecke mit starkem Gefälle oder eine längere mit entsprechend schwächerem Gefälle wählen. Der Achterbahnkonstrukteur bevorzugt des Nervenkitzels willen die kurze, aber steile Anlaufbahn.

Das gleiche seltsame Gefühl im Magen können jedoch auch die Automobilkonstrukteure vermitteln: In einem Wettbewerbsfahrzeug zum Beispiel (Abb. 17) sorgen weit über 500 Pferdestärken für Beschleunigungswerte, mit denen auch die steilste Achterbahn nicht mehr mithalten kann: In weniger als 4 Sekunden ist die 100-km/h-Marke, erreicht, in etwa 9 Sekunden sind die 200 km/h bereits überschritten, 300 km/h werden bereits nach wenig über 20 Sekunden registriert. Bei solchen Beschleunigungswerten wären die meisten aller Verkehrsteilnehmer restlos überfordert.

Abb. 15

Abb. 16

Abb. 17

So begnügen sich die Motorleistungen unserer durchschnittlichen Alltagsautos mit 40, 80, 100 oder 120 PS. Diese Werte entsprechen nämlich eher einem flachen und somit zeitlich längeren Anlauf bei der Achterbahn. Diese »Vernunftehe« aus gezähmter Leistung, Langlebigkeit und Sicherheit besteht zu Recht, denn im Zeitalter des Massenautomobilismus geht es weniger darum, mit extrem hohen Beschleunigungswerten zu glänzen, als vielmehr möglichst sicher sein Ziel zu erreichen.

Hat man aber einmal eine Fahrt angetreten, findet eine häufig wechselnde Aneinanderreihung von Beschleunigungs- und Bremsvorgängen statt. Diese Folge wird bestimmt durch die Ereignisse auf den Fahrtstrecken: Straßenführung, Verkehrsdichte, Witterungseinflüsse, Verkehrszeichen (Abb. 18).

Die Leistung der Bremsen ist während der Fahrt wichtiger als die Leistung des Motors. Sie hängt jedoch von zahlreichen Faktoren ab: Art und Zustand der Bremsanlage, Temperatur der Bremsen, Straßenbelag, Witterung, Reifenprofil und Reifenbauart. Und weil es um Leib und Leben geht, kommt es gerade beim Verzögern besonders darauf an, möglichst kurze Bremswege aufzuweisen (Abb. 19).

Der jahrtausendalte Wunschtraum der Menschheit, aus vollem Lauf oder voller Fahrt ganz ohne Bremsweg, also plötzlich, zum Stillstand zu kommen, wird nach den Naturgesetzen nie erfüllbar sein. Gerade im Reitsport (Abb. 20) wird dieses Gesetz immer wieder von Roß und Reiter praktiziert.

Die Automobil- und Zubehörindustrie hat das Ihre getan und in jahrelangen Entwicklungsreihen und Forschungsprozessen Bremssysteme entwickelt, die inzwischen ermöglichen,

Abb. 18

Abb. 19

Abb. 20

daß ein Auto in einem Bruchteil der Zeit, die es zum Erreichen einer bestimmten Geschwindigkeit benötigte, wieder zum Stillstand kommen kann.

Die Länge des Bremsweges ist von der Fahrgeschwindigkeit und von der erreichten Bremsverzögerung abhängig. Zu-

Abb. 21

Abb. 22

sammen mit dem Reaktionsweg ergibt der Bremsweg den Anhalteweg.

Nach dieser Formel (Abb. 21) kann auch jeder Autofahrer seinen Anhalteweg selber errechnen. Doch wer hat schon die Zeit dazu, noch während des Fahrens, vielleicht gar vor einer Gewaltbremsung? Eines sollte man zumindest wissen: Es ist bei weitem nicht dasselbe, ob man ein Auto von 120 km/h auf 80 km/h oder von 160 km/h auf 120 km/h abbremst, obgleich in beiden Fällen die Differenz 40 km/h beträgt. Bei letzterem Vorgang ist der Bremsweg fast um die Hälfte länger!

Beim Bremsen muß Bewegungsenergie abgebaut und in andere Werte umgesetzt werden (Abb. 22). Diese Energie nimmt im Quadrat zur Geschwindigkeit zu. Entsprechend werden die Bremswege im quadratischen Verhältnis immer länger.

Als gute Mittelwerte werden von modernen Serienautomobilen 6,5 bis 8 m/s^2 erreicht. Rennwagen hingegen erreichen bereits 11 bis 12 m/s^2, was einer Abbremsung von über 110% entspricht, also mehr als der sogenannten Erdbeschleunigung.

Abb. 23

Ein Beispiel aus der täglichen Praxis: Ein Lastkraftwagen will an einer Steigungsstrecke mit 80 km/h einen nur um 5 km/h langsameren Kleinst-Pkw überholen, auch auf die Gefahr hin, daß der mit 120 km/h recht zügig von hinten nahende und zum Überholen ansetzende 3. Wagen »ein wenig« abbremsen muß. Daß der Lkw-Fahrer seinen Hintermann zu einem ebenso drastischen Bremsvorgang zwingt, als würde er selbst seinen Lkw bis zum Stillstand abbremsen, ist ihm nicht klar. Und zahlreichen anderen Autofahrern auch nicht (Abb. 23).

Geschwindigkeit

Das natürliche Bewegungstempo eines erwachsenen Menschen beträgt 5–8 km/h. Ein guttrainierter Läufer erreicht bereits 15–18 km/h, ein Kurzstreckensprinter der Weltspitzenklasse eine vorübergehende Höchstgeschwindigkeit von knapp 40 km/h. Alles, was darüber liegt, kann für den Menschen leicht schlimme Folgen haben (Abb. 24).
Das Auto gibt uns aber die Möglichkeit, 50, 80, 100, 130 oder mehr km/h zu erreichen (Abb. 25).

Grundsätzlich, zunächst, jedoch ohne böse Folgen. Denn das Auto ist, technisch gesehen, seiner eigenen erreichbaren Geschwindigkeit durchaus gewachsen. Wir können es in kurzer Zeit beschleunigen und in noch kürzerer Zeit wieder abbremsen und zum Stillstand bringen. Außerdem läßt es sich durch den Fahrer in jede gewünschte Richtung lenken (Abb. 26).

Abb. 24

Abb. 25

Abb. 26

Ohne Schwierigkeiten lassen sich all diese Vorgänge leicht durchführen – vorausgesetzt natürlich, das Fahrzeug befindet sich in technisch einwandfreiem Zustand.

Die Tatsache, daß sich besonders schwere Unfälle gerade bei hohen Geschwindigkeiten ereignen, liegt in den seltensten Fällen am Auto, sondern meistens an dem, der es fährt.

Die mit dem Auto erreichbaren Geschwindigkeiten belasten die physiologische und psychologische Struktur des Menschen in einem Maße, daß die Tätigkeit des Autofahrens als mittelschwere bis schwere Arbeitsleistung eingestuft werden muß. Wird diese Erkenntnis übersehen oder unterschätzt, ist es nur eine Frage der Zeit und der Situation, wann der Mensch als Autofahrer versagt.

Der richtige Umgang mit allen Geschwindigkeitsbereichen verlangt zunächst einmal, die eigenen Kräfte richtig einzuschätzen und einzusetzen. Doch, genauso begrenzt wie die Körperkräfte des Menschen sind auch die Kräfte des Automobils: Man kann das Gaspedal noch so kräftig durchtreten, der Motor wird das Auto deshalb auch nicht mehr beschleunigen als seine PS-Leistung es erlaubt.

Man kann auch noch so viel Muskelkraft und Gewicht in den Tritt aufs Bremspedal legen (Abb. 27), der Bremsweg wird deshalb auch nicht kürzer.

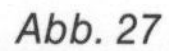

Abb. 27

Im Gegenteil: Bei Blockierbremsungen rutscht das Fahrzeug weiter und verliert auch seine Lenkfähigkeit.
Ein Auto darf gerade so schnell gefahren werden, daß es zu jeder Zeit an jedem gewünschten Ort genau und sicher zum Stillstand gebracht werden kann. Dabei ist es gleichgültig, ob dieses Endziel eine Tankstelle, eine Verkehrsampel oder gar ein plötzlich auftauchendes Hindernis ist (Abb. 28). Verfehlt das Fahrzeug dieses Ziel oder prallt es gar mit dem Hindernis zusammen, wurden physiologische und physikalische Kräfte fehleingeschätzt. Über den Ausgang solcher Aktionen entscheidet, vom sprichwörtlichen, aber seltenen »Glück« einmal abgesehen, ausschließlich das Verhältnis zwischen gefahrener Geschwindigkeit und effektivem Anhalteweg.
Beträgt der durchschnittliche Bremsweg eines Pkw bei 50 km/h 15 Meter, so wird bei doppelter Geschwindigkeit, also bei durchaus »normalen« 100 km/h, der Bremsweg bereits 60 Meter, bei 150 km/h gar 135 Meter lang. Während sich also die Geschwindigkeit nur verdreifacht hat, wuchs der Bremsweg um das 9fache! Die Sichtweite, also die klar und deutlich überschaubare und erkennbare Sichtstrecke des Fahrers, muß folglich im selben Verhältnis mitwachsen.

Abb. 28

Wird diese Sichtweite jedoch begrenzt, beispielsweise in unübersichtlichen Kurven, vor Fahrbahnkuppen, durch starken Regen, Nebel oder Schneefall, so muß auch die Fahrgeschwindigkeit entsprechend reduziert werden.
Bisweilen kann die übersehbare Strecke auch sehr schnell stark eingeengt werden: bei Eintritt in eine plötzlich auftauchende Nebelzone oder durch Rauchentwicklung in Industriegebieten und auf Feldern beim Abbrennen von Ernterückständen (Abb. 29).

Abb. 29

In solchen Fällen ist es ratsam, die Geschwindigkeit zwar zügig, aber nicht schlagartig auf das erforderliche Maß zu verringern. Eine weitere Voraussetzung für gute Sicht nach allen Seiten ist auch eine gute Rundumsicht durch saubere, große Fensterflächen (Abb. 30).

Abb. 30

Bei normalen Sichtverhältnissen überblickt das menschliche Auge einen scharfen Bereich von 25 bis 40 Metern. Das entspricht der angenehmen Reisegeschwindigkeit von 60 bis 80 km/h. Bei Tempo 120 muß der Blickpunkt bereits auf 90 Meter vorverlegt werden, und bei 200 km/h wären es bereits 350 Meter, um mit gut und gleichmäßig verzögernden Bremsen noch rechtzeitig und sicher reagieren zu können.

Es steht außer Zweifel, daß für all diese Vorgänge und Situationen das Auge trainiert werden muß.

Der Gesetzgeber kann technische Forderungen aufstellen, kann Anordnungen, Gebote und Verbote aussprechen, doch bei freier Fahrt liegt es in der Hand des Autofahrers, seine Geschwindigkeit und seine Sicherheitsabstände selber zu wählen und zu bestimmen.

Langjährige Beobachtungen und präzise Messungen und Auswertungen zeigen jedoch, daß zahlreiche Autofahrer einen »Sicherheitsabstand« zum Vordermann halten, der im Notfall mit 100%iger Sicherheit zum Auffahrunfall führt (Abb. 31).

Abb. 31

Abb. 32

Abb. 33

Sprechfunk, Radar, computergesteuerte Flugbahnen und aufwendige elektronische Sicherheits- und Warnsysteme machen solche Fehleinschätzungen im Luftverkehr undenkbar (Abb. 32).

Sicher ist das einer der Gründe, daß die Wahrscheinlichkeit, heil am Ziel anzukommen, im Flugzeug soviel größer ist als im Auto (Abb. 33).

Aufprallenergie

Seit Jahrzehnten werden für Kraftfahrzeuge mit hohem technischen Aufwand Sicherheitselemente und Sicherheitssysteme entwickelt. Die Ergebnisse und Auswertungen kommen der Großserienfertigung zugute. In welchem Maße Verbesserungen an Fahrzeugstrukturen und Rückhaltesystemen noch notwendig werden, müssen detaillierte Studien zur Grundlagenforschung ermitteln.

Doch eines steht fest: Ein Großteil aller Autos stirbt nicht den Tod aus Altersschwäche, sondern an einem Unfall. Präziser ausgedrückt: an einem Aufprallunfall (Abb. 34).

Doch wie weit haben wir überhaupt Vorstellungen und Kenntnisse über Vorgänge und Auswirkungen bei Auffahrunfällen?

Die strengen europäischen und überseeischen Sicherheitsnormen verlangen Unfallversuche nicht nur mit Hilfe von elektronischen Simulatoren, sondern in komplizierten Labors und auf teuren Prüffeldern. Wie weit sind aber diese vorgeschriebenen »crashs«: »Frontalaufprall auf ein stehendes Hindernis« und »Pfahlaufprall« wissenschaftlich und praktisch relevant? Wie weit glaubt der Automobilist den veröffentlichten Ergebnissen, hat er den Eindruck, »es werde etwas für seine Sicherheit getan«?

Als Augenzeuge eines Unfalls können wir lediglich feststellen, daß das eine Fahrzeug mit niedriger, das andere hingegen mit höherer Geschwindigkeit auf ein Hindernis aufgeprallt ist. Der Grad der Blechverformung (Abb. 35) gibt auch dem Laien aufschlußreiche Hinweise. Eines ist außerdem bewiesen: Je höher die Geschwindigkeit, desto größer die Aufprallenergie.

Abb. 34

In welchem Größenverhältnis zueinander diese beiden Komponenten stehen, müßte eigentlich jeder wissen, der sein Auto einmal aus verschiedenen Geschwindigkeiten in kürzester Zeit bis zum Stillstand abgebremst hat. Angenommen, die Voraussetzungen für eine optimale Verzögerung sind erfüllt: trockene Fahrbahn, einwandfreie Reifen, gleichmäßig gut funktionierende Bremsen, so beträgt der durchschnittliche Bremsweg bei 50 km/h 15 Meter. Bei 100 km/h sind es bereits 60 Meter, also bei verdoppelter Geschwindigkeit ein viermal

Abb. 35

längerer Bremsweg. Bringt man aber – meist jedoch unfreiwillig – das Auto statt mittels der Bremsanlage mit Hilfe eines festen, unverrückbaren Hindernisses zum Stillstand (Abb. 36), so wächst die Aufprallenergie im genau gleichen Verhältnis zur Geschwindigkeit: Bei 100 km/h ist sie also viermal größer als bei 50 km/h.

Abb. 36

Das bekannte Beispiel des »lebensmüden Fensterspringers« verdeutlicht diese Verhältnisse am besten: Der Sprung aus dem ersten Stock eines Wohnhauses entspricht einem Aufprall mit dem Auto bei 20 km/h. Der Sprung aus dem zweiten Stock entspricht bereits 40 km/h, der achte Stock bereits 70 km/h, beim 16. Stock sind es 100 km/h. Jeder Autofahrer kann sich an diesen Beispielen seine Überlebenschancen selber ausrechnen: ein todsicheres Unternehmen (Abb. 37).

Abb. 37

Abb. 38

Die Geschwindigkeit ist jedoch nicht die einzige Größe, die Einfluß auf die Aufprallwirkungen hat. Erkenntnis aus der Praxis: Bei gleicher Beschleunigung und gleicher Widerstandskraft des Hindernisses entscheiden Masse und Gewicht des Fahrzeugs über die Folgen des Aufpralls (Abb. 38).

Abb. 39

Ist das Aufprallhindernis starr und unnachgiebig, hängt viel von der Nachgiebigkeit des eigenen Fahrzeugs ab (Abb. 39). Mit dieser Nachgiebigkeit schafft es sich einen zusätzlichen Bremsweg, der den Aufprall »dämpft«. Die Aufprallenergie wird in Verformungsarbeit umgewandelt. Je länger der verformbare Bereich ist, die sog. »Knautschzone« des Fahrzeugs (Abb. 40 und 41), desto weicher wird der Aufprall.

Abb. 40

Abb. 41

Auf die Insassen eines Fahrzeugs wirkt dieser sich als Beschleunigung aus, gleichgültig, ob er frontal, seitlich oder von hinten erfolgt. Bei 15 km/h gelingt es dem Fahrer noch, diese Beschleunigung mit seiner Muskelkraft abzufangen, aber schon bei 20 km/h müßte er den Weltrekord im Gewichtheben brechen, um nicht gegen Scheiben oder Holme geschleudert zu werden (Abb. 42). Der richtig angelegte Sicherheitsgurt und die festeingebaute Kopfstütze nehmen dem Fahrer diese Kräfte ab.

Wer jedoch das Glück hat, sich seinen Aufprallgegner aussuchen zu können, der sollte sich für die Leitplanke entscheiden und für einen möglichst spitzen Aufprallwinkel. Beim Frontalzusammenstoß wird nämlich die Bewegungsenergie schlagartig umgesetzt in Verformungsenergie. Beim schrägen, also spitzwinkligen Aufprall, sucht sich dagegen die Be-

Abb. 42

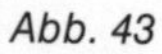

Abb. 43

Abb. 44

wegung einen Ausweg: Je spitzer der Winkel, desto geringer auch die Kräfte, die auf den Fahrer einwirken und sein Leben in Gefahr bringen.
Wenn ein Aufprall nicht mehr zu vermeiden ist (Abb. 43), können die Unfallfolgen dennoch oft gemindert werden, indem man den Weg des geringsten Widerstandes wählt: und wenn es die »Flucht« ins Feld oder Ackerland ist. Erde ist immer noch weicher und nachgiebiger als Eisen . . (Abb. 44).

Richtungsänderung

Gleichgültig, ob ein Körper sich im Wasser, in der Luft oder auf der Fahrbahn befindet, beschleunigt man ihn, so ist seine natürliche Bewegungsrichtung zunächst einmal immer die Gerade. Das trifft ebenfalls fürs Auto zu (Abb. 45).
Die Erdanziehung preßt es, wie jeden Körper, an den Boden. Will man es nun vom Fleck bewegen, muß eine zweite Kraft einsetzen: die Energie des Motors.
Doch auch sie treibt das Fahrzeug immer nur geradeaus. Um nun die Fahrtrichtung zu ändern, muß eine dritte Kraft angewandt werden (Abb. 46): Mit Hilfe des Lenkrades stellt man die Vorderräder schräg. Beschleunigte man den Wagen jetzt geradeaus, würden auch die Räder nicht mehr rollen, sondern reiben. Um diesem Bremseffekt zu entgehen, schlägt das Fahrzeug den Weg des geringsten Widerstandes ein: Es folgt der Stellung seiner Vorderräder und rollt (Abb. 47).
Wann ein Fahrzeug jedoch ganz anders reagiert, läßt sich ziemlich genau errechnen (Abb. 48). Doch wer hat beim Fahren vor oder inmitten einer Kurve noch die Zeit, rechnerisch nachzuprüfen, ob er die Kurve sicher bewältigt oder ob er etwa am Ende die Kurvenbahn unfreiwillig verläßt?
Ein praktischer Versuch beweist die Größenordnungen bei Richtungsänderungen: Ein normaler Mittelklasse-Pkw wird in einer bestimmten Kurve spätestens bei Tempo 85 ausbrechen, gleichgültig, wer am Lenkrad sitzt. Bei 60 km/h wird die

Abb. 45

Abb. 46

Abb. 47

Kurvenfahrt normal flott bewältigt. Bereits bei 70 km/h melden sich die Reifen akustisch und mahnen zur Vorsicht. Bei 80 km/h wird es kritisch: Nur noch ein Sportfahrertrick (Abb. 49) kann den Wagen vor dem Ausbrechen bewahren:

Abb. 48

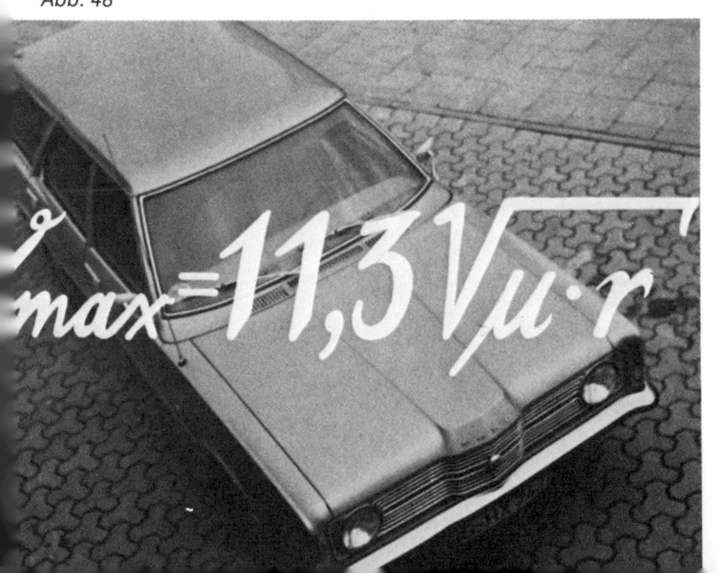

Abb. 49

Weit außen in die Kurve einfahren, nach innen ziehen und die Kurve am Ende wieder außen verlassen. Im normalen Straßenverkehr ist diese Technik jedoch verboten, schon wegen des Gegenverkehrs.

Aber zurück zu »unserer« Kurve: Nur 5 km/h schneller, also bei 85 km/h, ist die Grenze überschritten. Da helfen weder Lenkkorrekturen noch Tricks, das Fahrzeug bricht aus. Eine Erkenntnis, die hierbei zusätzlich abfällt: Je schneller ein Auto fährt, desto schlechter haften die Reifen auf der Fahrbahn. Besonders heikel wird dieser Effekt bei starkem Seitenwind. Bei 120 km/h Fahrtgeschwindigkeit beträgt die Abweichung des Fahrzeugs von seiner geradlinigen Bewegungsrichtung bis zu 10 Meter (Abb. 50).

Im Straßenverkehr garantiert dieser Wert bereits einen katastrophalen Zusammenprall mit dem Gegenverkehr. Der Verlust des Kontakts zwischen Reifen und Fahrbahn bei Geschwindigkeiten zwischen 100 km/h und 120 km/h zeigt sich deutlich an Straßenkuppen, wo das Fahrzeug so stark abhebt, daß es weder lenk- noch bremsbar wird (Abb. 51).

Abb. 50

Ähnlich ist es in der Kurve: Mit zunehmender Geschwindigkeit wird das Fahrzeug immer mehr der wachsenden Fliehkraft ausgesetzt, also jener Kraft, die sich bemerkbar macht, wenn die Seitenführungskräfte der Reifen nicht mehr ausreichen, und die sich gegen die Ablenkung aus der Geraden sträubt.

Abb. 51

Ein alltägliches Beispiel zeigt, wie stark diese Kraft schon bei geringen Geschwindigkeiten auftritt: ein Mann im Autobus. Beschreibt der Bus eine Kurve nach rechts, pendelt der Mann nach links. Fährt der Bus nach links, pendelt der Mann nach rechts, obgleich er doch viel lieber geradestehen bleiben würde (Abb. 52). Im Extremfall vermag diese Fliehkraft sogar die natürliche Schwerkraft aufzuheben, wie man auf Jahrmärkten beim sogenannten »Rotor« sehen kann.
Der Zweiradfahrer kann diese Flieh- oder Zentrifugalkraft teilweise ausgleichen, indem er sich »in die Kurve legt« (Abb. 53).
Der Autofahrer kann sich jedoch noch so biegen und wenden, er hat keinen Einfluß auf den Schwerpunkt, er bleibt der Fliehkraft ausgeliefert. Gut geformte Sitze mit hochgezogenen, gewölbten Seitenteilen und auch »Schalensitze« ändern zwar nichts an den auftretenden physikalischen Gesetzen, erleichtern aber das »Sitzenbleiben« und dienen somit der Sicherheit.
Der Autofahrer kann noch so präzise lenken, je höher die Geschwindigkeit ist, um so größer wird der Kurvenradius, den

Abb. 52

Abb. 53

sein Fahrzeug beschreibt. Ein Beispiel zeigt die dabei entstehenden Werte: Bewältigt ein Fahrzeug mit 60 km/h noch einen Kurvenradius von 40 Metern, so benötigt es bei 80 km/h bereits einen Kurvendurchmesser von 75 Metern, und bei 100 km/h sind es sogar 120 Meter Radius. Während die Geschwindigkeit lediglich um $^{2}/_{3}$ erhöht wurde, hat sich der Radius verdreifacht.

Im Straßenverkehr kann man sich die Kurven nicht aussuchen, sondern nur die Geschwindigkeit, mit der man sie durchfährt (Abb. 54). Ist sie zu hoch, treten dynamische Kräfte in Aktion, auf die der Fahrer kaum noch Einfluß hat.

Je nach Antriebsart seines Fahrzeugs kann er gerade noch bremsen oder gar beschleunigen, um sein Auto zu »stabilisieren«! Er läuft jedoch Gefahr, daß das Fahrzeug dann, so er es nicht völlig beherrscht, erst recht außer Kontrolle gerät und manövrierunfähig wird.

Die einzige Chance, heil und auf allen 4 Rädern aus einer Kurve herauszukommen, besteht darin, vor der Kurve die Geschwindigkeit zu reduzieren und gegen Kurvenausgang wieder zu beschleunigen.

Roulette ist auch ein Spiel mit der Fliehkraft. Beim Autofahren sollte man auf dieses Spiel verzichten . . .

Abb. 54

Kurvenverhalten

Das Verhalten eines Fahrzeugs bei einer Kurvenfahrt wird im wesentlichen von 3 Faktoren bestimmt:
von der Fahrgeschwindigkeit,
vom Kurvenradius und
vom Fahrzeuggewicht.
Ohne Gefahr für Fahrer und Fahrzeug kann man folgenden Versuch zu dieser Thematik zu Hause selbst ausprobieren: Eine Milchkanne mit Tragebügel, gefüllt mit einer Flüssigkeit wird am ausgestreckten Arm in eine Kreisbewegung versetzt (Abb. 55).
Man wird bestätigt finden, daß der Inhalt einer Kanne nicht immer auslaufen muß, wenn man sie auf den Kopf stellt. Dieselbe Kraft, die hier entgegen der natürlichen Schwerkraft das Auslaufen der Flüssigkeit verhindert, kennt auch jeder Autofahrer: Es ist die Kraft, die ihn – trotz seiner bisweilen verzweifelten Lenkradarbeit – aus der Kurve zwingt (Abb. 56). Es ist die Fliehkraft.
Ob und wann sich diese Kraft gegen die Lenkmechanik des Fahrzeugs durchsetzen kann, bestimmen zunächst einmal zwei Faktoren: die Geschwindigkeit und der Kurvenradius. Beide stehen zueinander in einem unlösbaren Zusammenhang. Bei kleinem Radius genügt auch eine geringe Geschwindigkeit, um die Flüssigkeit in der Kanne zu belassen oder um den Wagen aus der Kurve zu werfen (Abb. 57).

Abb. 55

Abb. 56

Abb. 57 ▲

Abb. 58 ▼

Abb. 59

Bei großem Radius muß auch die Geschwindigkeit entsprechend höher sein. Ob Flüssigkeit in der Kanne oder Auto in der Kurve: Entscheidend für die Stärke der Fliehkraft bei der Kreisbewegung ist die für eine Umdrehung oder Umrundung benötigte Zeit. Je schneller also ein Fahrzeug in einer kreisförmigen Bahn fährt, um so stärker wirkt sich die Fliehkraft aus, bis zu einer Grenze: Das Fahrzeug bricht unweigerlich aus. Im Straßenverkehr bedeutet dieser Vorgang: Unfall (Abb. 58).

Nicht vor jeder Kurve können die Behörden eine Geschwindigkeitsbeschränkung, die auf den Kurvenradius abgestimmt ist, vornehmen. Somit liegt es am Fahrer, seine Fahrgeschwindigkeit nach seiner Einschätzung des Kurvenradius selber vorzunehmen. Doch hat man in den seltensten Fällen noch die Zeit dazu, mathematische Berechnungen anzustellen. Hinzu kommt, daß nur wenige Kurven voll überschaubar sind, die meisten verwehren den Einblick. So kann die Kurven-

fahrt sehr schnell zum Glücksspiel werden. Oder zum Unglücksspiel.
Der 3. Faktor, der mitentscheidet, ob das Fahrzeug früher oder später ausbricht, ist das Gewicht. Dies wiederum ist eng verknüpft mit dem Begriff »Bodenhaftung«, also dem Kontakt zwischen den Fahrzeugrädern und dem Fahrbahnbelag (Abb. 59). Eine gute Auflagefläche durch Reifen mit griffigem Profil ist hier ebenso wichtig wie eine möglichst ebene, rauhe und trockene Fahrbahn.
Eine Kurvenfahrt bei 80 km/h auf trockenem Asphalt oder Beton ist für jeden geübten Autofahrer ohne Probleme zu bewältigen (Abb. 60). Dieselbe Kurve bei Nässe ist dagegen schon kritisch, und bei Glatteis wird sie tückisch.
Nicht jede Straßenbiegung ist völlig plan. Durch leichte Erhöhung der Kurvenaußenseiten wird der Einfluß der Fliehkraft verringert, so daß höhere Geschwindigkeiten gefahren werden können. Entsprechend konstruierte Steilkurven können sogar frei von seitlich einwirkender Fliehkraft durchfahren werden (Abb. 61). Hier tritt jedoch eine starke Erhöhung der senkrecht zur Fahrbahn gerichteten Kraft auf. In Kurven, bei denen die Fahrbahn nach außen abfällt, wird dagegen die Fliehkraft verstärkt.
Wie sich ein Wagen bei kritischer Kurvenfahrt verhält, ist nicht zuletzt von seiner Konstruktion abhängig. Die Fliehkraft wirkt immer auf den Schwerpunkt des Fahrzeugs. Liegt er relativ hoch, dann neigt das Fahrzeug dazu, mit dem kurveninneren, also dem entlasteten Rad, abzuheben. Im ungünstigsten Falle kann dieser Vorgang zum Überschlagen führen. Die Lage von Motoreinheit und Getriebe, aber auch die Belastung durch Personen und Gepäck, bestimmen, ob ein Auto als neutral-, front- oder hecklastig zu bezeichnen ist.
Liegt der Schwerpunkt vorne, dann wird der Wagen bei zu schneller Fahrt immer erst mit dem Vorderteil die Fahrbahn verlassen (Abb. 62). Ist das Fahrzeug hecklastig, neigt es zum

Abb. 60

Abb. 61

Abb. 62

Abb. 63

Abb. 65

sog. »Übersteuern«, d. h., das Heck macht sich selbständig und wandert über den Fahrbahnrand hinaus (Abb. 63).
Es ist im Prinzip gleichgültig, welches Fahrzeug man selbst fährt, fest steht, daß sich kein Kraftfahrer (Abb. 64) seine Kurven nach ihrer Beschaffenheit aussuchen kann (Abb. 65).
Er kann nur eines: Seine Fahrgeschwindigkeit so dosieren, daß ihn die nächste Kurve auch im ungünstigsten Falle nicht überraschen kann (Abb. 66).

Abb. 64

Abb. 66

Kurventechnik

Fahrer der obersten Rennwagenformel werden immer wieder mit blumenreichen Namensattributen versehen: »Gladiatoren des Automobilzeitalters«, »Halbgötter auf vier Rädern« (Abb. 67). Und das, obgleich sie regelmäßig beweisen, daß sie keinesfalls unsterblich sind. So makaber dieser Schluß ist, so setzt er zum anderen klare Aussageverhältnisse. Die Gruppe von Zuschauern sieht in den Rennfahrern Magier, denen es gelingt, die Naturgesetze zu überlisten.
Andere wieder glauben, dem Idol von der Rennstrecke auch im Straßenverkehr nacheifern zu müssen (Abb. 68). Das geht jedoch nur so lange gut, bis sie die Grenzen ihres Könnens am eigenen Blech erfahren. Oder auch nicht mehr.
Der Rennfahrer kennt die Grenzen seines fahrerischen Vermögens jedoch in den meisten Fällen viel besser und versucht, diese Grenzen stückchenweise immer weiter zu verschieben (Abb. 69). Doch er weiß, daß ihm das nur gelingt, wenn er nicht gegen die Naturgesetze arbeitet, sondern mit ihnen.

Abb. 67

Abb. 68

Abb. 69

Er hat es mit genau denselben dynamischen Kräften zu tun wie jeder andere Autofahrer auch: mit Bewegungsenergie, Beschleunigung, Verzögerung und in den Kurven mit der Flieh- oder Zentrifugalkraft.

Und doch gibt es Unterschiede.

Auf einer abgeschlossenen Versuchsstrecke wurde der Vergleich zwischen einem serienmäßigen Mittelklasse-Pkw und einem Formelrennwagen gezogen: Beide Fahrzeuge mußten ein und dieselbe Kurve durchfahren, und zwar mit der hier höchstmöglich erreichbaren Geschwindigkeit. Fazit dieses Vergleichs: Das Serienfahrzeug wurde bereits bei 110 km/h unweigerlich das Opfer der Fliehkraft. Daß natürlich komfortable Federung und weichere Stoßdämpfer das ihre dazu beitrugen, steht außer Frage, ebenso die Verwendung serienmäßiger Reifen, die eine relativ schmale Kontaktfläche zur Fahrbahn aufweisen.

Der Formelrennwagen bewältigte diese Kurve ungefährdet mit fast 200 km/h, obgleich er sich einer erheblich höheren Fliehkraft aussetzte. Die Hauptgründe für diese positive Demonstration: Der Wettbewerbswagen verfügt über entsprechend größere Gegenkräfte, die er aus seiner speziellen Konstruktion bezieht (Abb. 70). Er verfügt über einen sehr tiefen Schwerpunkt, günstig gewählte Achslastverteilung, ein technisch äußerst aufwendiges Radaufhängungssystem mit entsprechend harten Stoßdämpfern und extrem breiten Reifen aus weichen Gummimischungen und mit großer Bondenkontaktfläche.

Abb. 70

Bei zunehmender Geschwindigkeit bedingt die so entstehende Reibungswärme ein Weichwerden der Reifenoberfläche, so daß der Reifen regelrecht auf der Fahrbahn »klebt«. Durch all diese Maßnahmen wird eine beträchtlich bessere Bodenhaftung erreicht, die wiederum die Führungskräfte der Räder erhöht. Diese Werte liegen in ihrer Summierung um ein Vielfaches höher als beim Serienautomobil.

Versehen mit einem solchen »Paket« an zusätzlichen Absicherungen darf dann auch die Fliehkraft des Rennwagens größer ausfallen, ohne daß der Wagen seine Lenkfähigkeit verliert, das heißt: Er darf und kann viel schneller durch die Kurven fahren als sein serienmäßiger »Kollege«. Geringeres Gewicht, kleinere Fahrzeuglänge und auch die Konzentrierung der Hauptgewichte in der Wagenmitte des Rennwagens bedeuten diese große Kurvenwilligkeit.

Um die großen Fortschritte in der Entwicklung des Fahrwerks beim Serien-Pkw zu verdeutlichen, sei folgendes Beispiel genannt: Vergleichen wir einen echten »Oldtimer« aus der guten alten Zeit mit dem gleichen Modell der Jetztzeit, dann wird deutlich, daß auch der Personenwagen einiges aus den Erkenntnissen der Rennpraxis profitiert hat (Abb. 71).

Tiefer liegender Schwerpunkt, Radaufhängung mit stabilisierenden Schwingungs- und Dämpfungselementen, Reifen mit besserer Seitenführung.

Doch die technischen Veränderungen und Entwicklungen allein genügen nicht, es kommt beim Wettbewerbsfahrer noch das gezielte Fahrtraining, ein feinfühliges Gespür für geringste Nuancen der Fahrzeugleistung und der Fahrbahn hin-

Abb. 71

Abb. 72 ▲

zu. Alles zusammen wiederum kann man unter den Begriff einordnen: Bewußter Umgang mit physikalischen Gesetzmäßigkeiten (Abb. 72).

Auf der geschlossenen Rennstrecke sucht sich der Wettbewerbsfahrer die sogenannte »Ideallinie«. Er fährt jede Kurve hart außen an, zieht dann zur Kurveninnenseite und verläßt sie an ihrem Ende außen wieder. Mit dieser Technik vergrößert er systematisch den Kurvenradius und folgt damit der Regel: Je größer der Radius, um so kleiner ist die Fliehkraft bei gleicher Geschwindigkeit. So gelingt es dem Wettbewerbsfahrer auch, eine längere Passage von Schlängelkurven durch gleichmäßigen Wechsel Kurve innen, Kurve außen, Kurve innen fast als Gerade zu fahren.

Im Straßenverkehr verbieten Gegenverkehr und Rechtsfahrgebot diese Kurventechniken (Abb. 73).

Noch beträchtlich mehr Fingerspitzengefühl erfordert eine weitere Variante, Kurven in optimaler Weise schnellstmöglich

Abb. 73 ▼

Abb. 74

zu durchfahren: das »Driften«. Dieser Begriff entstammt dem englischen Vokabular und heißt zunächst einmal lediglich »treiben«. In der Praxis, also im Rennsport und auf dem Test- und Versuchsgelände, dient es zum Erreichen höchster Kurvengeschwindigkeiten und der Ermittlung des Fahrverhaltens im Grenzbereich. Während des kontrollierten Rutschens über alle vier Räder zeigt die Frontseite des Autos stärker zur Kurveninnenseite als es dem Kurvenradius entspricht (Abb. 74).
In diesem Zusammenhang spricht man auch von »powerslide« oder »four wheel drift«. Es bedarf ständiger kleiner Lenkkorrekturen, um ein driftendes Auto auf dem beabsichtigten Kurs zu halten. Nur eine Handvoll »Spezialisten« beherrscht die »Hohe Kunst des Schnellfahrens« in Europa. Im tagtäglichen Straßenverkehr ist diese Technik, zumal mit serienmäßigen »Familienkutschen«, ausgesprochen kriminell. Sie gefährdet nur die übrigen, zumeist überraschten und überforderten Verkehrsteilnehmer (Abb. 75).

Abb. 75

Niemals wird ein Rennfahrer seinen Wagen in einer Kurve abbremsen. Er reduziert schon vorher die Geschwindigkeit, fast immer durch Zurückschalten, also mit der Motorbremse. Würde der Fahrer in der Kurve bremsen, würden die ohnehin stark strapazierten Vorderräder sehr schnell zum Blockieren kommen. Ein Fahrzeug mit blockierten Rädern folgt jedoch nicht mehr dem Lenkeinschlag, sondern nur noch der Fliehkraft und die treibt es geradeaus weiter (Abb. 76).

Abb. 76

Rennfahrer fahren meistens an den Grenzwerten der physikalischen Gesetze. Doch sie wollen Ruhm und Geld ernten damit. Manchmal geraten sie jedoch über diese Grenze hinaus (Abb. 77) und können froh sein, wenn es nur beim reifenmordenden, aber spektakulären »Dreher« bleibt.
Der normale Straßenfahrer kann dabei nichts gewinnen, nur verlieren.

Abb. 77

Bodenhaftung

Voraussetzung für die heute üblichen Fahrgeschwindigkeiten ist eine gute Haftfähigkeit der Reifen auf der Fahrbahn. Und zwar unter allen erdenklichen Witterungsbedingungen. Antriebs-, Lenk- und Bremskräfte können nur dann sicher übertragen werden, wenn genügend »Haftreibung« stattfindet, wenn sich also die Räder eines Fahrzeugs der Fahrgeschwindigkeit entsprechend nahezu rutsch- oder schlupffrei drehen.
Es gibt zwei Fortbewegungsarten für Bodenfahrzeuge: das Rollen und das Gleiten. Letzteres ist überwiegend bei winterlichen Verhältnissen den Schlitten vorbehalten. Beim Auto dagegen entschied man sich für das Rollen (Abb. 78). Doch gibt es Situationen, da geht das Auto zum anderen Prinzip über, jedoch keineswegs immer zum sportlichen Vergnügen. Es rollt nicht mehr, es rutscht auf seinen Rädern (Abb. 79). Dies geschieht beispielsweise bei sogenannten Voll- oder Blockierbremsungen oder wenn in einer Kurve die Fliehkraft dominiert (Abb. 80). Der Zeitpunkt, wann ein Auto ins Rut-

Abb. 78

Abb. 79

Abb. 80

schen gerät, hängt nicht allein vom Umgang des Fahrers mit Gaspedal und Bremse ab, sondern auch von einer Größe, auf die er sehr wenig Einfluß hat, von der Bodenhaftung.
Vergleicht man das Verhalten eines Fahrzeugs beim Abbremsen von 80 km/h bis zum Stillstand auf trockenem Asphalt, auf nasser Fahrbahn und auf Eis, so stellt man fest, daß der Grenzwert der Bodenhaftung je nach Straßenbeschaffenheit und Witterung um das 10fache schwankt (Abb. 81).
Je geringer die Haftfähigkeit zwischen Reifen und Fahrbahn wird, um so wirkungsloser wird auch die Arbeit der Bremse. Schon ein leichter Bremsdruck kann dann ausreichen, um die Räder blockieren zu lassen (Abb. 82). In diesem Fall entscheiden Geschwindigkeit, Zustand und Beschaffenheit der Fahrbahnoberfläche und Lage des Schwerpunkts am Auto, wo und wie das Fahrzeug zum Stillstand kommt. Bei blockierten, rutschenden Vorderrädern ist nämlich auch die Lenkfähigkeit völlig außer Funktion gesetzt (Abb. 83).

Abb. 82 ▲

Abb. 81

Abb. 83 ▼

Abb. 84 ▲

Abb. 85 ▼

Zu breite oder abgefahrene, d. h. fast profillose Reifen weisen zwar auf trockener Straße bisweilen Haftfähigkeitswerte auf, doch bei Nässe, Schnee und Eis führen diese Reifenzustände zum völligen Verlust der Lenk- und Bremsbarkeit. Alle Fahrzeugbewegungen werden unkontrollierbar.

Bemerkt ein Fahrer bei hoher Geschwindigkeit, daß aus der trockenen Fahrbahn plötzlich eine Rutschbahn geworden ist, gibt es für ihn nur eine Möglichkeit, dem totalen Kreisel- und Katapulteffekt zu entgehen (Abb. 84): Die Geschwindigkeit langsam zu reduzieren, allenfalls mit sehr behutsamen Intervallbremsungen. Auf diese Weise läßt man den Rädern die Möglichkeit, in Bewegung zu bleiben. Der Bremsweg ist zwar noch immer recht lang, das Fahrzeug bleibt aber lenk- und somit beherrschbar (Abb. 85).

Viel sensibler und präziser als der erfahrenste Autofahrer reagiert das sogenannte Antiblockiersystem, auch unter dem Namen »automatischer Blockierschutz« bekannt geworden.

Dieses System, in jahrelangen Versuchsreihen und Tests verfeinert, geht seiner Serienreife entgegen. Seine Funktion besteht im wesentlichen darin, daß über zahlreiche elektrische Fühler, sogenannte »Sensoren«, Meldungen über Geschwindigkeit, Luftfeuchtigkeit, Temperatur etc. an eine elektronische Steuereinheit weitergegeben werden. Dieses Gerät entscheidet dann, wie hoch der Bremsdruck an jedem einzelnen Rad sein darf, um einerseits eine optimale Verzögerung zu gewährleisten, andererseits aber das Rad nicht zu blockieren (Abb. 86).

Die Herstellung einer solchen Anlage ist jedoch äußerst aufwendig und teuer. Problematisch ist ferner die Tatsache, daß die Anlage in der täglichen Fahrpraxis unter Umständen lange Zeit nicht zum Einsatz kommt, aber dennoch stets voll funktionsfähig sein muß.

Dem Spikereifen war ehedem die Aufgabe zugedacht, das Fahren auf winterlich glatter Straße sicher zu machen. Von

Abb. 86

Abb. 87

ihrer enormen Wirkungskraft zeugen auch heute noch überall markante Spuren (Abb. 87). Die entstandenen Spurrillen haben das Fahren bei Regen unsicherer gemacht: Sie werden zu Aquaplaningfallen.

Trifft ein beschleunigter, flacher Körper auf eine Wasserfläche, so trägt sie ihn eine Zeitlang. Dasselbe geschieht mit den Autorädern (Abb. 88). Unter den Reifen bilden sich Wasserkeile, die das Fahrzeug »aufschwimmen« lassen und es völlig manövrierunfähig machen. Die sinnvollste Gegenmaßnahme gegen diesen Effekt bilden, neben stark reduzierter Fahrgeschwindigkeit, Reifen mit tiefen Profilen, die nicht nur über Längs-, sondern auch über Querrillen verfügen. Das Wasser wird förmlich hineingedrückt, kanalisiert und seitlich wieder abgeführt.

Abb. 88

Abb. 89

Gute Reifen allein aber entbinden keinen Fahrer von der Notwendigkeit, seine Geschwindigkeit immer den wechselnden Witterungsverhältnissen anzupassen, um sich nicht zu überschlagen (Abb. 89). Im Wageninnern sitzt er komfortabel und trocken, wenige Zentimeter weiter unten sieht es dagegen oftmals völlig anders aus.

Steigung und Gefälle

Man braucht nicht unbedingt einen Motor, um ein Fahrzeug in Bewegung zu setzen. Jeder Rollschuhfahrer, jeder Wintersportler oder auch jeder Seifenkistenfahrer kann das bestätigen.
Aber auch jeder, der einmal sein Auto an einem Berg abgestellt hat und vergaß, die Hand- oder Fußfeststellbremse zu betätigen oder den 1. Vorwärts- oder Rückwärtsgang einzulegen (Abb. 90). Auf abschüssiger Bahn gerät das Fahrzeug nämlich durch eine andere Kraft in Bewegung. Gemeint ist die Anziehungskraft der Erde, die jeden beweglichen Körper dem Erdmittelpunkt näherbringen will (Abb. 91). Im freien Fall kommt diese Kraft voll zur Wirkung. Lenkt man jedoch den Körper von der senkrechten Fallinie ab, so erfährt die Schwerkraft einen Widerstand.
Die Praxis beweist, je flacher ein Gefälle ist, um so schwächer ist auch die beschleunigende Kraft. Auf abschüssiger Fahrbahn kommt zur Antriebskraft des Motors noch die Beschleunigungskraft der schiefen Ebene hinzu (Abb. 92).

Abb. 90

Abb. 91

Abb. 92

Ein Beispiel: Ein Pkw der unteren Mittelklasse mit 50 PS Leistung beschleunigt auf ebener Strecke bei normal guten Witterungsbedingungen von 0 auf 100 km/h in 20 Sekunden. Bei 10% Gefälle erreicht er dieselbe Geschwindigkeit nach 17 Sekunden, bei 20% Gefälle bereits nach 13 Sekunden. Hierbei erreicht er ähnliche Beschleunigungswerte wie sein doppelt so starker »Kollege« auf ebener Strecke. Fazit dieser Demonstration: Auf abschüssiger Fahrbahn werden schwächere Fahrzeuge stärker und starke Wagen noch stärker (Abb. 93).

In welchem Umfang die Bewegungsenergie bei der Talfahrt zunimmt, bekommt man am deutlichsten zu spüren, wenn es darum geht, sie zu verringern, also beim Bremsen.

Die Unterschiede bei der Bremsweglänge auf ebener Strecke und auf Gefällstrecken seien anhand folgender Beispiele verdeutlicht:

Benötigt ein Pkw auf ebener Fahrbahn beim Bremsen von 100 km/h bis zum Stillstand einen Weg von 60 m (Abb. 94), so vergrößert sich bei gleicher Geschwindigkeit diese Strecke bei 10% Gefälle bereits auf 70 Meter, bei 20% Gefälle sogar auf 85 Meter (Abb. 95).

An den meisten längeren Gefällstrecken sind Hinweistafeln mit Angaben über die Steilheit des Gefälles angebracht. Man sollte sie beachten, zumal man durch das Fahren im vorwiegend ebenen Gelände sich an die »normalen« Verzögerungszeiten gewöhnt hat und sich sicher wähnt.

Doch nicht allein der Neigungswinkel beeinflußt die Beschleunigung, sondern auch die Masse, das heißt, das Gewicht des beschleunigten Körpers. Bei gleichwertigem technischen Material und gleicher Startgeschwindigkeit hat im Bob-Rennsport bekanntlich immer das schwerere Team die größere Chancen, in kurzer Zeit die Strecke zu absolvieren. Dieselbe Erkenntnis gilt auch für das Auto.

Abb. 93

Abb. 94

Abb. 95

Abb. 96 ▲

Läßt man an der gleichen Gefällstrecke zwei unterschiedlich schwere Autos ohne Motorkraft bergab rollen (Abb. 96), dann zeigt sich bereits nach weniger als 20 Metern, welches von beiden das schwerere ist.
Ein weiteres Beispiel, wie sehr sich Bremswege an Gefällstrecken verändern können, mag der folgende Vorgang sein: Ein Kombi-Pkw ist lediglich mit dem zusätzlichen Gewicht des Fahrers versehen. Bei 10% Gefälle beträgt die Wegstrecke von 100 km/h bis zum Stillstand 70 Meter. Wird der Wagen bis zum zulässigen Gesamtgewicht beladen, verlängert sich der Bremsweg unter ansonsten gleichen Bedingungen bereits um 5 Meter. Und die sind oftmals entscheidend (Abb. 97).
In diesen Ergebnissen liegt auch der Grund, weshalb gerade für Lastkraftwagen an Gefällstrecken niedrigere Höchstgeschwindigkeiten vorgeschrieben sind, als sie in der Ebene fahren dürfen (Abb. 98).

Abb. 97 ▼

Abb. 98

Abb. 99

Auch der Pkw-Fahrer muß wissen, daß sein Fahrzeug, wenn es schwer beladen ist, zum Lkw wird. Nicht nur bei der Talfahrt, auch bei der Bergfahrt; denn hier wirkt die Schwerkraft in genau entgegengesetzter Richtung: sie bremst (Abb. 99).
Diese Verzögerung geschieht um so stärker, je schwerer das Fahrzeug ist. So kommt es, daß der leichtere Wagen, auch wenn er leistungsmäßig schwächer ist, dem starken, aber schweren Fahrzeug bei der Bergfahrt bisweilen überlegen ist.
Aber die schiefe Ebene zeigt ihre Kräfte nicht nur beim Beschleunigen oder beim Bremsen auf geradlinigen Fahrstrekken, sondern ganz besonders bei der Kurvenfahrt. Wenn der Fahrer vor einer Kurve innerhalb einer Gefällstrecke den Fuß vom Gaspedal nimmt, dann reduziert er zwar die Antriebskraft des Motors, nicht aber die des Gefälles. Diese Kraft wehrt sich gegen die Verringerung der Geschwindigkeit und unterstützt die Fliehkraft in der Kurve. Fehleinschätzungen dieser Gesetzmäßigkeiten führen fast immer zu schweren Unfällen (Abb. 100).

Abb. 100

Massenverteilung

Von der Lage des Schwerpunktes eines Autos wird das Fahrverhalten in Kurven, bei Seitenwind und bei nasser oder glatter Fahrbahn wesentlich mitbestimmt.
Man kann einen Wurfpfeil mit der Spitze nach vorn (Abb. 101) oder auch mit der Feder nach vorn werfen (Abb. 102). In beiden Fällen erreicht er sein Ziel bei gleicher Flugweglänge mit der dafür vorgesehenen Spitze. Dafür sorgt ein physikalisches Gesetz: Wird ein Körper frei beschleunigt, dreht er sich immer so, daß sein Schwerpunkt in die Bewegungsrichtung zeigt.
Auch jedes Auto hat einen Schwerpunkt (Abb. 103). Er wird durch die Anordnung der schweren Teile, wie Motor, Getriebe, Antriebsachse und Tank, gebildet. Je nach Konstruktion des Fahrzeugs kann der Schwerpunkt vorn, hinten oder in der Mitte liegen (Abb. 104).

Abb. 101

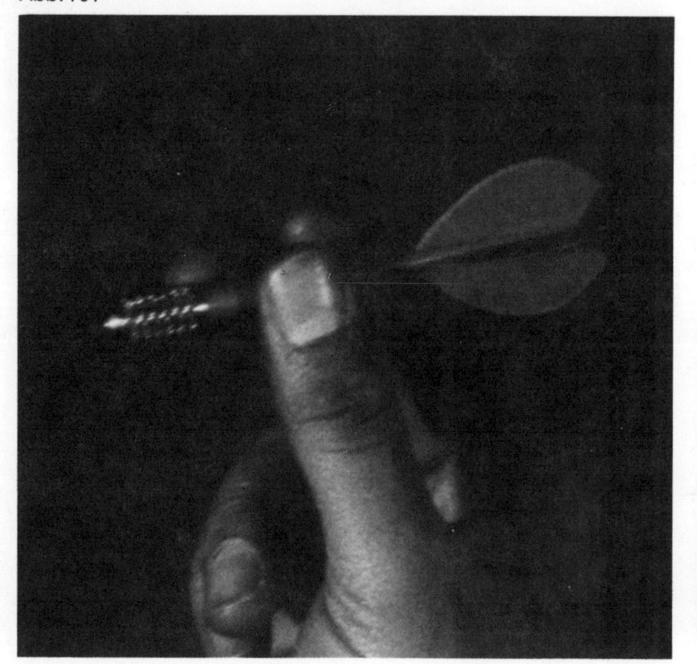

Abb. 102

Abb. 103

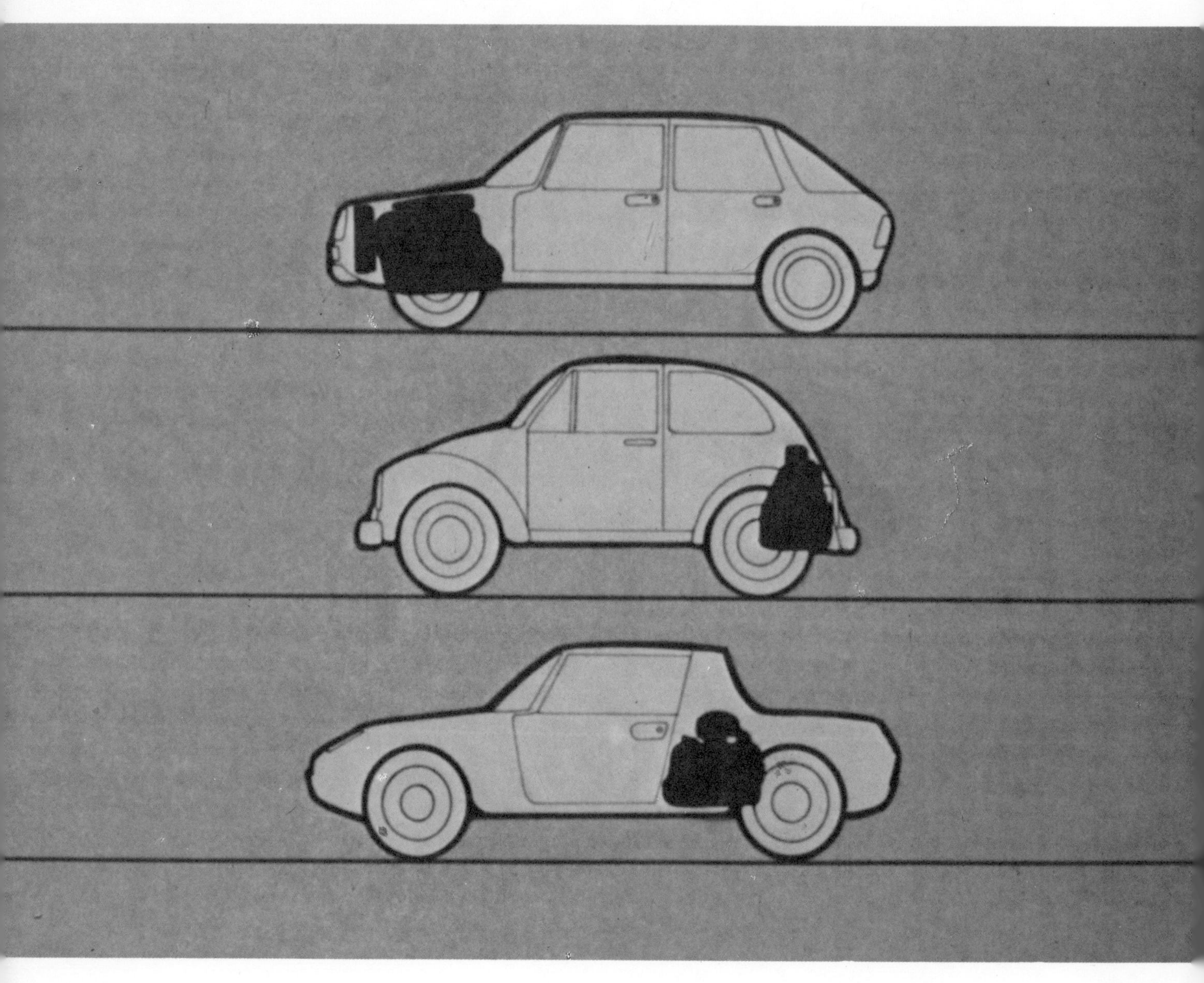

Abb. 104

Abb. 105

Abb. 106

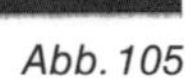

Das Phänomen, daß Automobile während gleichförmiger Vorwärtsfahrt mit der »Schnauze« immer nach vorn weisen, hängt mit der Zwangsführung ihrer am Boden haftenden Räder zusammen.

Ganz anders verhält sich ein Fahrzeug, wenn die Bodenhaftung durch eine stärkere Kraft aufgehoben wird, beispielsweise durch die Fliehkraft bei zu schneller Kurvenfahrt (Abb. 105). Dann tritt der gleiche Vorgang wie beim anfangs beschriebenen Pfeilwurf ein: Das Fahrzeug dreht sich so lange, bis sein Schwerpunkt der Bewegungsrichtung vorauseilt.

In der Praxis, bezogen auf die drei heute am weitesten verbreiteten Automobilkonstruktionen, äußern sich diese Erscheinungen folgendermaßen:

1. *Autos mit Frontmotor:* Sie drängen beim Durchfahren einer Kurve mit den Vorderrädern nach außen. Sie sind dabei stärker eingeschlagen als zum langsamen Durchfahren der Kurve nötig wäre. Man nennt dies: untersteuerndes Fahrverhalten (Abb. 106).
2. *Autos mit Heckmotor:* Sie drängen beim Durchfahren einer Kurve mit den Hinterrädern nach außen. Die Vorderräder sind dabei weniger stark eingeschlagen, als es zum langsamen Durchfahren der Kurve notwendig wäre. Je nach Überschuß-Geschwindigkeit muß man hier mehr oder weniger stark »gegenlenken« (Abb. 107).
3. *Autos mit Mittelmotor-Anordnung:* Hierbei liegt der Motor entweder kurz hinter der Vorderachse oder kurz vor der Hinterachse. Von der Achslastverteilung her ideal, zeigen sich Fahrzeuge bei trockener Fahrbahn als wahre »Kurvenzauberer«, offenbaren sich jedoch bei Nässe und Glätte, gerade wegen der hohen Massenkonzentration in der Fahrzeugmitte, unter Umständen als völlig unkontrollierbare »Kreisler« (Abb. 108).

Abb. 107 ▲

Abb. 108 ▼

Abb. 109

Auch die Höhe des Schwerpunkts stellt eine nicht unerhebliche Beeinflussungsgröße im Kurvenverhalten dar (Abb. 109). Liegt nämlich der Schwerpunkt relativ hoch, dann hebt der Wagen bei der Kurvenfahrt mit den entlasteten, kurveninne-

Abb. 110

ren Rädern von der Fahrbahn ab, der Schwerpunkt drängt nach außen und das Fahrzeug droht sich zu überschlagen (Abb. 110).
Die Gewichts- oder Massenverteilung spielt auch beim Geradeauslauf eine Rolle. Seitenwind kann beispielsweise Autos aus ihrer ursprünglichen Fahrtrichtung abdrängen. Die verschiedenen Fahrzeugtypen reagieren hierbei äußerst unterschiedlich. Im wesentlichen wird der Grad der Ablenkung von der zur Verfügung stehenden »Windangriffsfläche« (also der Karosserieform) und von der Schwerpunktlage des Fahrzeugs bestimmt. Desto größer der Abstand zwischen dem »Windangriffspunkt« und dem »Schwerpunkt« ist, um so länger wird der »Hebelarm«, der das Fahrzeug abdrängt. Da der Windangriffspunkt stets *vor* der geometrischen Fahrzeugmitte liegt, sind Fahrzeuge mit vorne liegendem Schwerpunkt (Frontmotor) weniger seitenwindempfindlich als Fahrzeuge mit weit hinten liegendem Schwerpunkt (Heckmotor).
Einfacher ausgedrückt: Am wenigsten empfindlich gegen seitliche Böen sind Autos mit Frontantrieb, weil bei ihnen das Massengewicht von Motor und Getriebe auf die richtungsbestimmenden Vorderräder wirkt. Ein hecklastiger Wagen wird sich, sobald die Bodenhaftung aufgehoben ist, sofort drehen und schließlich rückwärts, also mit dem schweren Heck nach vorne, seine weitere Bewegungsrichtung wählen (Abb. 111).

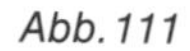
Abb. 111

Abb. 112

Jeder Autofahrer kann die Massenverteilung seines Fahrzeugs verändern, indem er ein zweites Fahrzeug anhängt, z. B. einen Bootsanhänger oder einen Wohnwagen. Diese zusätzliche Masse verändert natürlich auch das Beschleunigungs- und Verzögerungsvermögen des »Gespanns«, sie bietet jedoch auch der Fliehkraft einen zusätzlichen Angriffspunkt. Hierbei erweist sich, je schwerer ein Anhänger im Verhältnis zum Zugwagen, also zum Pkw, ist, desto leichter kann er ihn aus der Fahrtrichtung bringen. Je höher die Geschwindigkeit ist, um so stärker reagiert das Gespann auf alle Seitenkräfte. Die Forderung nach technisch aufwendigen Fahrwerken für Pkw-Anhänger aller Art ist nicht aus der Luft gegriffen; denn ein schleudernder Anhänger ist kaum mehr wieder zu stabilisieren, es sei denn, es gelingt dem Fahrer durch behutsames Beschleunigen, den Anhänger wieder in die gerade Fahrtrichtung zu bringen (Abb. 112).

Falken-Fernsehbegleitbücher

Unsere Begleitbücher zu den einzelnen Kursen sind auf den jeweiligen Sendungen aufgebaut und ermöglichen daher ohne weiterem Hilfsmittel eine Vertiefung und Erweiterung des im Fernsehen Gelernten. Wie alle Bände unseres Verlagsprogrammes sind sie aus der Praxis für die Praxis geschrieben.

Tanzstunde
Die 11 Tänze des Welttanzprogramms
(5018) Von Gerd Hädrich,
118 Seiten, ca. 370 Fotos und
Schrittskizzen, Pbd., DM 15,–

Die Selbermachers renovieren ihre Wohnung
(5013) Von Wilfried Köhnemann,
148 Seiten, viele Farbabbildungen,
Zeichnungen und Fotos, kart., DM 14,80

Die lieben Haustiere
(5023) Von Justus Pfaue.
Etwa 128 Seiten, viele Abbildungen,
kart., ca. DM 12,80

Lirum, Larum, Löffelstiel
(5007) Von Ingeborg Becker,
64 Seiten, durchgehend vierfarbige
Abbildungen, Spiralheftung, DM 7,80 ▶

◀ **Tanzstunde 2**
Figuren für Fortgeschrittene
(5027) Von Gerd Hädrich,
72 Seiten, 233 Abbildungen, Pbd., DM 10,–

Falken-Verlag · Postfach 1120 · 6272 Niedernhausen/Ts.

Für jeden etwas...

aktische Gebrauchsbücher stehen Ihnen, lieber Leser, mit
at und Information zur Seite, wenn es darum geht, Fragen des
glichen Lebens zu beantworten.
e hervorragende Sachkenntnis und die verständliche Sprache
serer Fachautoren sind ebenso selbstverständlich wie die sorgfältige
usstattung unseres großen Buchprogramms. Damit bietet Ihnen der
lken-Verlag Bücher zum Lesen und Nachschlagen, mit denen Sie Ihr Leben
tiv und erfolgreich gestalten können.

Orientteppiche (Best.-Nr. 5046)	DM 9,80
Kalte und warme Vorspeisen (Best.-Nr. 5045)	DM 9,80
Raffinierte Steaks (Best.-Nr. 5043)	DM 9,80
Schwimm mit! (Best.-Nr. 5040)	DM 9,80
Spanische Küche (Best.-Nr. 5037)	DM 9,80

Zugeschaut und mitgebaut (Best.-Nr. 5031)	DM 14,80
Kalte Happen und Partysnacks (Best.-Nr. 5029)	DM 9,80
Gemüse und Kräuter (Best.-Nr. 5024)	DM 9,80
Die Selbermachers (Best.-Nr. 5013)	DM 14,80

Das neue Hundebuch
(0009) Von W. Busack, überarbeitet von Dr. med. vet. A. Hacker, 104 S., zahlreiche Abb. auf Kunstdrucktafeln, kart., DM 5,80

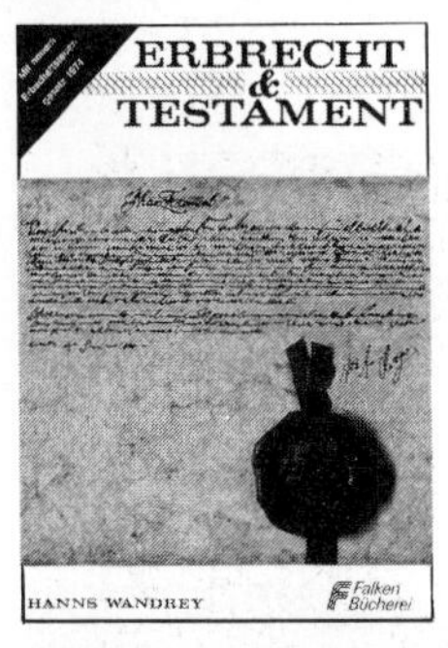

Erbrecht und Testament
mit Erbschaftssteuergesetz 1974
(0046) Von Dr. jur. H. Wandrey, 112 S., kart. DM 6,80

Geschäftliche Briefe des Handwerkers und Kaufmannes
(0041) Von A. Römer, 96 S., kart. DM 5,80

Der neue Briefsteller
(0060) Von I. Wolter-Rosendorf, 112 S., kart., DM 5,80

Fibel für Zuckerkranke
(0110) Von Dr. med. Th. Kantschew, 148 S., Zeichng., Tabellen, kart., DM 6,80

Erfolgreiche
BEWERBUNGSBRIEFE &
BEWERBUNGSFORMEN

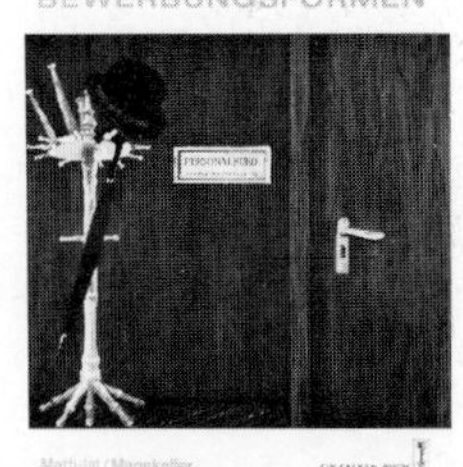

Die erfolgreiche Bewerbung
(0173) Von W. Manekeller, 152 S., kart., DM 8,80

Verse fürs Poesiealbum
(0241) Von Irmgard Wolter, 96 S., 20 Abb., kart., DM 4,80

Heimwerker-Handbuch
Basteln und Bauen mit elektrischen Heimwerkzeugen
(0243) Von Bernd Käsch, 240 S., 229 Fotos und Zeichnungen, kart., DM 9,80

Großes Rätsel-ABC
(0246) Von H. Schiefelbein, 416 S., gbd., DM 16,–

stricken · häkeln
loopen für Anfänger und Fortgeschrittene

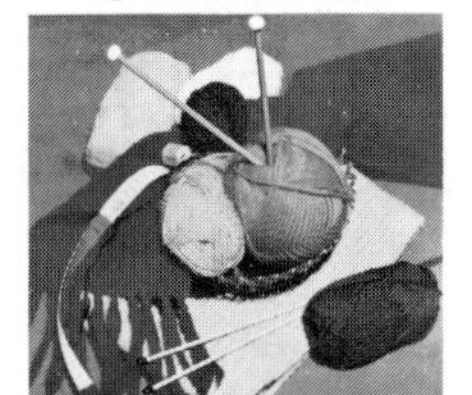

Dr. Marianne Stradal

Stricken, häkeln, loopen
(0205) Von Dr. Marianne Stradal, 96 S., 100 Abb., kart., DM 5,80

KARATE
ein fernöstlicher Kampfsport
Band 1 · Grundlagen

Albrecht Pflüger

Karate – ein fernöstlicher Kampfsport Band 1
(0227) Von Albrecht Pflüger, 136 S. mit 195 Fotos und Zeichnungen, kart., DM 9,80

Wie soll es heißen?
(0211) Von Dr. Köhr, 88 S., kart., DM 4,80

Beliebte und neue
Kegelspiele

Georg Bocsai — Falken Bücherei

Beliebte und neue Kegelspiele
(0271) Von Georg Bocsai, 92 S., 62 Abb., kart., DM 4,80

Vorbereitung auf die Geburt
(0251) Schwangerschaftsgymnastik, Atmung, Rückbildungsgymnastik. Von Sabine Buchholz, 112 S., 98 Fotos, kart., DM 6,80

Flugmodelle
bauen und einfliegen

Werner Thies/Willi Rolf — Falken Bücherei

Flugmodelle
bauen und einfliegen
(0361) Von Werner Thies und Willi Rolf, 160 S., 83 Abbildungen und 7 Faltpläne, kart., DM 9,80

Glückwünsche, Toasts und Festreden zur Hochzeit
(0264) Von Irmgard Wolter, 88 S., kart., DM 4,80

Tauchen
Grundlagen – Training – Praxis
(0267) Von W. Freihen, 144 S., 71 Fotos und Farbtafeln, DM 9,80

Ostfriesenwitze
(0286) Band II: Enno van Rentjeborgh, 80 S., 10 Karikaturen, kart., DM 3,-

Selbst tapezieren und streichen
(0289) Von Dieter Heitmann und Jürgen Geithmann, 96 S., 49 Fotos, kart., DM 5,80

Ikebana Band 1: Moribana – Schalenarrangements
(0300) Von Gabriele Vocke, 164 S., 40 großformatige Vierfarbtafeln, 66 Schwarzweißfotos und Graphiken, gbd., DM 19,80

KUNG FU
Theorie und Praxis klassischer und moderner Stile

Manfred Pabst — Falken Bücherei

Kung-Fu II
Theorie und Praxis klassischer und moderner Stile
(0376) Von Manfred Pabst. 160 S., 330 Abb., kart., DM 12,80

Münzen
Ein Brevier für Sammler
(0353) Von Erhard Dehnke, 128 S., 30 Abbildungen – teils farbig –, kart., DM 6,80

über 100 Farbfotos — Falken

Pilze erkennen und benennen
(0380) Von J. Raithelhuber. 136 S., 106 Farbfotos, kart., DM 7,80

Ziervögel in Haus und Voliere
Arten · Verhalten · Pflege
(0377) Von Horst Bielfeld, 144 S., 32 Farbfotos, kart., DM 9,80

Beeren und Waldfrüchte
erkennen und benennen – eßbar oder giftig?
(0401) Von Jörg Raithelhuber, 136 S., 90 Farbfotos, 40 s/w, kart., DM 9,80

Tee für Genießer
(0356) Von Marianne Nicolin, 64 Seiten, 4 Farbtafeln, kart., DM 5,80

Fred Metzlers Witze mit Pfiff
(0368) 120 S., Taschenbuchformat, kart., DM 6,80

Selbst Brotbacken
mit über 50 erprobten Rezepten
(0370) Von Jens Schiermann, 80 S., mit 6 Zeichnungen und 4 Farbtafeln, kart., DM 6,80

Kalorien · Joule
Eiweiß · Fett · Kohlehydrate tabellarisch nach gebräuchlichen Mengen
(0374) Von Marianne Bormio, 88 S., kart., DM 4,80

Flugzeuge
Von den Anfängen bis zum 1. Weltkrieg
(0391) Von Enzo Angelucci, deutsch von E. Schartz, 320 S., mit mehreren hundert Abb., meist vierfarbig, gbd., DM 19,80

Von der Verlobung zur Goldenen Hochzeit
Vorbereitung – Festgestaltung – Glückwünsche
(0393) Von Elisabeth Ruge, 120 S., kart., DM 6,80

Die 12 Sternzeichen
Charakter, Liebe und Schicksal
(0385) Von Georg Haddenbach, 160 S., gbd., DM 9,80

Möbel aufarbeiten, reparieren und pflegen
(0386) Von E. Schnaus-Lorey, 96 S., 104 Fotos und Zeichnungen, kart., DM 6,80

Selbst Wahrsagen mit Karten
Die Zukunft in Liebe, Beruf und Finanzen
(0404) Von Rhea Koch, 112 S., mit vielen Abb., Pbd., DM 9,80

Einkochen
nach allen Regeln der Kunst
(0405) Von Birgit Müller, 96 S., 8 Farbt., kart., DM 7,80

Häschen-Witze
(0410) Gesammelt von Sigrid Utner, 80 S., mit 16 Zeichnungen, vierfarbiger Schutzumschlag, brosch., DM 3,–

Spielend Schach lernen
(2002) Von Theo Schuster, 128 S., kart., DM 6,80

Spiele für Kleinkinder
(2011) Von Dieter Kellermann. 80 S., kart., DM 5,80

Knobeleien und Denksport
(2019) Von Klas Rechberger, 142 S., mit vielen Zeichnungen, kart., DM 7,80

Lirum, larum, Löffelstiel
(5007) Von Ingeborg Becker, 64 S., durchgehend vierfarbige Abbildungen Spiralheftung, DM 7,80

Zimmerpflanzen
(5010) Von Inge Manz, 64 S., 98 Farbabbildungen, Pbd., DM 9,80

Reiten
Vom ersten Schritt zum Reiterglück
(5033) Von Herta F. Kraupa-Tuskany, 64 S., mit vielen Zeichnungen und Farbabb., Pbd., DM 9,80

Die Selbermachers renovieren ihre Wohnung
(5013) Von Wilfried Köhnemann, 148 S., 374 Farbabb., Zeichnungen und Fotos, kart., DM 14,80

Desserts
(5020) Von Margit Gutta, 64 Seiten mit 38 Abbildungen, durchgehend vierfarbig, Pbd., DM 9,80

Bauernmalerei
leicht gemacht
(5039) Von Senta Ramos, 64 S., 78 vierfarbige Abb., Pbd., DM 9,80

Großes Getränkebuch
Wein · Sekt · Bier und Spirituosen aus aller Welt, pur und gemixt
(4039) Von Claus Arius, 288 S., mit Register, 179 teils großformatige Farbfotos, Balacron mit farbigem celloph. Schutzumschlag, Schuber, DM 58,–

Moderne Fotopraxis
Bildgestaltung · Aufnahmepraxis · Kameratechnik · Fotolexikon
(4030) Von Wolfgang Freihen, 304 S., mit 244 Abbildungen, davon 50 vierfarbig, Balacron mit vierfarbigem Schutzumschlag, abwaschbare Polyleinprägung, DM 29,80

Wir spielen
Hundert Spiele für einen und viele
(4034) Von Heinz Görz, 430 S., mit 370 farbigen Zeichnungen, gbd., DM 26,–

Moderne Schmalfilmpraxis
Ausrüstungen · Drehbuch · Aufnahme Schnitt · Vertonung
(4043) Von Uwe Ney, 328 S., mit über 200 Abbildungen, teils vierfarbig, Balacron mit vierfarbigem Schutzumschlag, DM 29,80

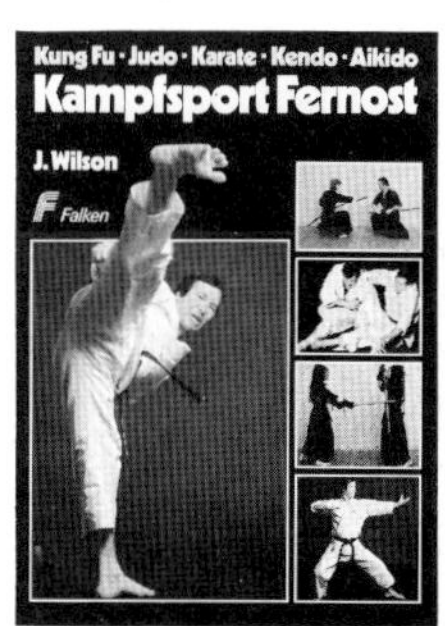

Kampfsport Fernost
Kung-Fu · Judo · Karate · Kendo · Aikido
(4108) Von Jim Wilson, dt. von H.-J. Hesse, 88 S., mit 164 farbigen Abb., Pbd., DM 22,–